Trinus Bußmann

„Öffnen einer Bustür" - Einführung logischer Verknüpfungen am Beispiel eines Kundenauftrages

GRIN Verlag

Bibliografische Information der Deutschen Nationalbibliothek:

Die Deutsche Bibliothek verzeichnet diese Publikation in der Deutschen National-
bibliografie; detaillierte bibliografische Daten sind im Internet über http://dnb.d-
nb.de/ abrufbar.

Impressum:

Copyright © 2010 GRIN Verlag GmbH
Druck und Bindung: Books on Demand GmbH, Norderstedt Germany
ISBN: 978-3-640-75013-9

Dieses Buch bei GRIN:

http://www.grin.com/de/e-book/161567/oeffnen-einer-bustuer-einfuehrung-logi-
scher-verknuepfungen-am-beispiel

GRIN - Your knowledge has value

Der GRIN Verlag publiziert seit 1998 wissenschaftliche Arbeiten von Studenten, Hochschullehrern und anderen Akademikern als eBook und gedrucktes Buch. Die Verlagswebsite www.grin.com ist die ideale Plattform zur Veröffentlichung von Hausarbeiten, Abschlussarbeiten, wissenschaftlichen Aufsätzen, Dissertationen und Fachbüchern.

Besuchen Sie uns im Internet:

http://www.grin.com/

http://www.facebook.com/grincom

http://www.twitter.com/grin_com

Unterrichtsentwurf

3. Unterrichtsbesuch (UB I) (Fachleiter/in)   ☐   Prüfungsunterricht I (PU I)

    Unterrichtsbesuch (UB II)   ☐   Prüfungsunterricht II (PU II)

Wochentag/Datum/Uhrzeit: Mittwoch   22.09.2010   08.30 – 09.15 Uhr

Studienreferendar/in:	Trinus Bußmann
Referendargruppe:	0411
Fachleiter/in (Fachrichtung):	
Fachleiter/in (Unterrichtsfach):	
PS-Vertreter/in:	
Vorsitzende/r (PUI/PUII):	
Fachlehrer/in:	
Schulleiter/in:	

Angaben zur Klasse

- Kurzbezeichnung:	
- Ausbildungsberuf/Schulform: (BS-Teilzeit,BFS,BGJ,BS,BVJ,FGy,FOS)	Berufsfachschule Mechatronik
- Schülerzahl:	20
- Schule/Ort/Standort:	BBS II
- Raum:	W 18

Fachrichtung oder Unterrichtsfach: (Bezeichnung im Seminar)	Elektrotechnik
Unterrichtsfach/Lernfeld:	LF 4: Untersuchen der Energie- und Informationsflüsse in elektrischen, pneumatischen und hydraulischen Baugruppen
Unterrichtsgebiet:	Automatisierungstechnik (LOGO!)
Unterrichtsthema:	„Öffnen einer Bustür" - Einführung logischer Verknüpfungen am Beispiel eines Kundenauftrages

Inhaltsverzeichnis

1   Analyse des Bedingungsfeldes

1.1   Angaben zur Lerngruppe

Die BFEMA 11 ist eine geteilte Klasse. Elf Schülerinnen und Schüler absolvieren eine einjährige Vollzeitschulform Berufsfachschule Mechatronik. Die Berufsfachstufe vermittelt eine theoretisch-fachliche und allgemeine Ausbildung. Zudem wird eine praktische Ausbildung von 160 Zeitstunden durchgeführt.

Mit dem erworbenen Abschluss ist der Eintritt in die Fachstufe einer Berufsausbildung möglich. Der erweiterte Sekundarabschluss I kann mit einem bestimmten Gesamtnotendurchschnitt erworben werden.[1]

Neun Schüler absolvieren die Berufsschule Mechatronik in Teilzeitform. Sie sind zwei Tage die Woche in der Berufsschule und drei Tage im Betrieb.

An der heutigen Stunde nehmen die elf Schülerinnen und Schüler der Vollzeitschulform teil, da die anderen Schüler im Ausbildungsbetrieb sind. Aus diesem Grunde nehme ich auch nur zu diesen Schülerinnen und Schüler Bezug.

Der heutige Teil der Klasse besteht aus sechs Schülerinnen und fünf Schüler[2]. Die Altersstruktur ist als heterogen zu bezeichnen. Dies spiegelt sich auch im Leistungsvermögen der Schüler wieder (vgl. Anlage VI).

Schüler wie z.b. x, x und x verfolgen den Unterricht aufmerksam und hinterfragen Themenabschnitte. Sie weisen eine Vielzahl von guten Wortbeiträgen auf und treiben die Gruppenarbeiten, sowie das Gruppenpuzzle voran. Andere Schüler wie z.B. x, x und x beteiligen sich kaum eigeninitiativ am Unterricht. x ist in die Klasse gewechselt und muss sich erst noch einfinden. Sie wird aber von den Mitschülern unterstützt.

Die geringe Klassenstärke ermöglicht eine gute Beobachtung und Betreuung der einzelnen Schüler.

1.2   Kompetenzen der Lerngruppe

Fachkompetenz: Die Schüler kennen den Unterschied zwischen „digital" und „analog". Zudem wurden in der Digitaltechnik die Umrechnungsarten von Dez. <-> Dual, Dez. <-> Hex. und Dual <-> Hex. behandelt. Den Schülern ist der Aufbau einer Wertetabelle bekannt. Die logischen Verknüpfungen und damit verbundenen Funktionsbausteine bzw. Funktionsgleichungen wurden noch nicht behandelt. Die Schüler haben noch nicht mit der LOGO! Soft Comfort gearbeitet (vgl. Anlage IV).

Methodenkompetenz: Die Schüler sind unterschiedliche Methoden gewohnt. Sowohl die Einzelarbeit als auch die Gruppenarbeit haben die Schüler durchgeführt. Zudem wurde das Gruppenpuzzle anhand von einem Arbeitsauftrag durchgeführt (vgl. Anlage IV). Aus dieser Erfahrung hat sich gezeigt, dass die Schüler in Gruppenarbeitsphasen mehrheitlich in der Lage sind, Aufgaben strukturiert und zielorientiert zu bearbeiten. Sie können die wichtigsten Punkte herauskristallisieren, diese visualisieren und präsentieren. Das Auftreten und Verhalten hat sich bei vielen Schülern schon verbessert, jedoch besteht hier noch Verbesserungsbedarf. Die Schüler haben noch keinen Kundenauftrag durchgeführt (vgl. Anlage IV).

---

[1] vgl. www.bbs-emden.de, Stand 09.2010

[2] Im Folgenden wird zu Gunsten des Leseflusses auf die explizite Nennung der weiblichen Form verzichtet.

Sozialkompetenz: Es herrscht grundsätzlich eine angenehme Lern- und Arbeitsatmosphäre. Der Umgangston ist freundlich und offen. Im Unterricht ist zu beobachten, dass sich die Schüler gegenseitig akzeptieren und respektieren. Die fachlich stärkeren Schüler unterstützen ihre Mitschüler bei der Erledigung der Arbeitsaufträge. Allgemein ist bei der Gruppenarbeits- und Präsentationsphase bislang kein unkonzentriertes Verhalten einzelner Schüler zu beobachten gewesen.

1.3   Der Referendar

Ich unterrichte die Klasse BFEMA11 seit August 2010 mit zwei Eigenverantwortlichen Wochenstunden. Das Verhältnis zur Klasse empfinde ich als freundlich und entspannt. Ich fühle mich von der Klasse akzeptiert, da ich nicht nur bei selbstständigen Arbeitsphasen als Lehrperson zur Klärung fachlicher Probleme, sondern auch über den Unterricht hinaus um Rat gefragt werde. Meine Kompetenzen zu diesem Unterrichtsgebiet habe ich durch meine Ausbildung, meines Ingenieurstudiums und meiner Tätigkeit als Ingenieur erworben. Vertieft wurden die Inhalte im letzten Schuljahr, durch eigenes Literaturstudium und praktischer Programmierung. Unterrichtet habe ich das Thema im letzten Schulhalbjahr und im Rahmen der Makrosequenz (s. Anhang IV).

1.4   Organisatorische Rahmenbedingungen

Die BFEMA11 wird in Raum W 16 unterrichtet. Der heutige Besuch wird in Raum W 18 stattfinden, da die Lichtverhältnisse für den Beamer in W 16 zu hell sind. Zudem habe ich dort einen Beamer und einen PC, um die Schülerergebnisse zu visualisieren. Über den Beamer werden die Schülerergebnisse dargestellt. Die Tische sind zu drei Gruppenarbeitsplätzen zusammen gestellt.

2   Didaktisch-methodische Konzeption

2.1   Didaktische Überlegungen

2.1.1   Analyse der curricularen Vorgaben

Für die Berufsfachschule -Mechatronik- ist der Rahmenlehrplan nach Beschluss der Kultusministerkonferenz vom 30.01.1998 maßgebend[3].

Im Rahmenlehrplan zum Lernfeld 4 „Untersuchen der Energie- und Informationsflüsse in elektrischen, pneumatischen und hydraulischen Baugruppen" ist dieser inhaltliche Schwerpunkt der Stunde explizit mit einem Lernziel ausgewiesen: „(…) beherrschen steuerungstechnische Grundschaltungen (…) Inhalte: (…) Grundschaltungen der Steuerungstechnik (…)"[4]. In dieser Unterrichtseinheit lernen die Schüler die logischen Verknüpfungen am Beispiel eines Kundenauftrages kennen. Dieses ist ein Grundbaustein für den weiteren Verlauf der Makrosequenz (s. Anhang IV).

2.2   Methodische Konzeption

2.2.1   Makrostruktur

(s. Anlage IV)

---

[3] Rahmenlehrplan für den berufsfeldbezogenen Lernbereich in der Berufsfachschule, Berufsfeld Mechatronik
[4] Rahmenlehrplan für den berufsfeldbezogenen Lernbereich in der Berufsfachschule, Berufsfeld Mechatronik, Beschluss der Kultusministerkonferenz (1998), S.9.

2.2.2   Mikrostruktur

Zu Beginn der Stunde werde ich Transparenz schaffen, indem ich den Schülern das heutige Stundenthema *„Öffnen einer Bustür"* - *Einführung logischer Verknüpfungen am Beispiel eines Kundenauftrages* vorstelle. Zudem zeige ich den Stundenverlauf auf einem Flipchartbogen, um die Schüler für die heutige Stunde zu sensibilisieren.

Ich habe mich für ein allgemeines Thema entschieden, um dem Vorstellungsvermögen der Schüler gerecht zu werden. Ich hätte auch ein spezielles Thema der Mechatronik wählen können, jedoch haben viele Schüler noch keine Erfahrung auf diesem Gebiet, weil sie noch nicht im Ausbildungsbetrieb tätig sind.

Ich lege den Kundenauftrag (s. Anhang XII) auf einen OHP (Overheadprojektor) auf. Damit ist die ganze Aufmerksamkeit der Klasse bei der Aufgabe. Ich hätte auch die Aufträge austeilen können, doch dann schweifen viele Schüler ab.

Den schriftlichen Kundenauftrag (s. Anhang XII) werde ich von Sven vorlesen lassen, damit er motiviert ist und eine positive Einstellung zur Aufgabe entwickelt. Danach lasse ich noch einmal Wiebke mit eigenen Worten wiedergeben, was als Arbeitsauftrag zu machen ist (s. 1.1). Durch gezieltes Ansprechen der beiden Schüler wird noch einmal das Interesse zur Aufgabe geweckt. Alle Schüler kennen bereits dieses Verfahren, da ich es bei jeder Stunde, je nach Situation, einstreue.

Bevor die Schüler mit dem Kundenauftrag beginnen, frage ich ins Plenum, welcher Arbeitsschritt als erstes ausgeführt werden muss, um das Problem zu lösen. Ich möchte die Schüler kognitiv dazu bringen, gewisse Schritte am Anfang zu bearbeiten. Die Schüler sollen durch Fragen meinerseits aufgefordert werden, Entscheidungen zu treffen. Ich könnte ihnen die Grundfunktionen der logischen Verknüpfungen auch vorgeben, doch durch das Arbeiten im Gruppenpuzzle, wird die Motivation zum Kundenauftrag gesteigert (s. 1.2).

Die Schüler werden durch Ziehen von Spielkarten in Stammgruppen eingeteilt. Die einzelnen Phasen des Gruppenpuzzles hefte ich ausgedruckt an die Wand, damit die Schüler den Verlauf des Gruppenpuzzles, verfolgen können. Ich hätte die Schüler auch einteilen können (s. 1.1), doch ich habe mich für diese Variante entschieden, da alle Schüler für ein Themenbereich Experte werden müssen.

Nachdem ich die Aufgabenblätter (s. Anhang IX) ausgeteilt habe, erarbeiten die Schüler in der Prozedur des Gruppenpuzzles die Arbeitsphasen. Diese Phase ist für mich sehr wichtig, da die Schüler sich gemeinsam ein Expertenwissen aneignen müssen. Somit lernen die Schüler eine Verantwortung für die Stammgruppe zu übernehmen, um den Kundenauftrag (s. Anhang XII) zu lösen.

Das Wissen eigen sich die Schüler über ausgelegte Fachbücher oder die Fachbücher der Schüler an. Ich hätte auch das Internet freigeben können, doch sie sollen auch mit anderen Möglichkeiten vertraut werden.

Der Unterrichtsbesuch geht in der Phase, wo die Experten ihr Wissen in die Stammgruppe tragen, los. Nachdem die Schüler das erarbeitete Wissen ausgetauscht haben, lasse ich eine Zusammenfassung der ersten 45 min von einem Schüler vortragen. Ich hätte diese Phase auch weglassen können, da es im Entwurf (s. Anlage III) steht. Ich möchte aber die Übereinstimmung zwischen Entwurf und Praxis abgleichen.

Durch ein Schüler-Lehrergespräch führe ich die nächste Phase ein. Der nächste Schritt wird geplant. Zusammengefasst findet man die Struktur im Unterrichtsverlauf (s. Anlage V) wieder. Ich möchte die

Schüler noch einmal für den Kundenauftrag (s. Anhang XII) sensibilisieren. Dieser wird jetzt in den Stammgruppen ausgeführt. Ich hätte auch hier die Klasse in zwei Gruppen teilen können, doch jetzt ist ersichtlich, wie gut die Experten ihr Wissen innerhalb der Gruppe verbreitet haben.

Durch eine Gruppenarbeitsphase werden die Schüler sensibilisiert gemeinsam zu arbeiten, um das Problem zu lösen. Die leistungsschwächeren Schüler werden von den leistungsstärkeren Schülern unterstützt. Somit sinkt die Frustration bei den Aufgaben.

Die Stammgruppen führen den Arbeitsauftrag des Kundenauftrages (s. Anlage VIII) aus. Ich habe die Aufgaben vorgeben, da die Schüler noch nie an einem Kundenauftrag gearbeitet haben und somit eine gewisse Struktur vorgeben. Die Wertetabelle habe ich jedoch nur als Matrix dargestellt, da die Schüler diese schon kennen gelernt haben (s. 1.2).

Die Stammgruppen präsentieren ihre Ergebnisse auf einen Flipchartbogen. Ich hätte diesen Bogen vorfertigen können, doch dadurch, dass die Schüler mindestens zu dritt sind, bleibt ihnen die Kreativität erhalten (s. 1.2).

Ich werde diese Ergebnisse mit der Software LOGO! Soft Comfort über den Beamer an die Wand projizieren, damit die Schüler durch die Simulation den Rückbezug zum Kundenauftrag visualisiert wieder erkennen. Damit nehme ich Einstieg für die nächste Stunde vorweg (s. Anlage IV).

Die Schüler haben gleichzeitig eine Ergebnissicherung, ob die Theorie mit der Praxis übereinstimmt.

Für spätere Aufgaben werden die Schüler über die Simulation (s. Anlage IV), die LOGO! programmieren.

Im Idealfall sollten unterschiedliche, korrekte Lösungen vorgestellt werden, so dass die Schüler erkennen können, dass eine digitale Steuerung mehrere Lösungsvarianten zulässt.

Zur Ergebnissicherung sollen alle Schüler die vorgestellte und korrekte Lösung der Wertetabelle und des Funktionsbausteins auf das Arbeitsblatt übernehmen.

Zum Ende der Stunde vermittle ich den Schülern Transparenz für die nächste Stunde und beende diese.

3   Lern- und Handlungsziele/Kompetenzen

Übergeordnetes Stundenlernziel: Die Schüler sollen über die Methode Gruppenpuzzle die logischen Verknüpfungen kennen lernen und diese im Kundenauftrag „Öffnen einer Bustür" umsetzen und präsentieren.

Stundenlernziel: Die Schüler sollen...

(FK1)... ihre Planungsaktivitäten stärken, indem sie den Arbeitsauftrag durchlesen und die Arbeitsschritte des Kundenauftrages festlegen.

(FK2) ... ihre Kenntnisse im Bereich Digitaltechnik erweitern, indem sie sich mit den Grundfunktionen der logischen Verknüpfung vertraut machen.

(FK3) ... eine Steuerungsaufgabe analysieren können, indem sie dazu eine Programmierlösung entwerfen.

(FK4) ... die Funktionsweise ihres erstellten Steuerprogramms erklären können, indem sie die Prozessabläufe anhand der Wertetabelle und des dazugehörigen Funktions-Block-Diagramms am Flipchart präsentieren.

(MK1) ... eigenverantwortlich im Gruppenpuzzle arbeiten, indem sie sich mit einem neuen Thema auseinander setzen.

(MK2) … ihre Präsentationsfähigkeit verbessern, indem sie die Arbeitsergebnisse dem Plenum
      präsentieren.

(SK 1) … ihr Sozialverhalten verbessern, indem sie während der Arbeitsphasen konzentriert arbeiten.

(SK 2) … ihre Kommunikationskompetenzen verbessern, indem sie ihre Kenntnisse mit einem Partner
      bzw. im Plenum austauschen und anderen aktiv zuhören.

4   Lernerfolgskontrolle

Die Lernziele (FK 1, FK 2, FK 3, FK 4, SK 1, SK 2) lassen sich in den Präsentationsphasen zum Einen
anhand der Erläuterungen der Schüler und zum Anderen durch gezielte Fragen (FK 1, FK 4)
meinerseits kontrollieren. Eine weitere Kontrollmöglichkeit ist die Beobachtung der Schüler während
der Arbeitsphasen (SK 1, SK 2).

Darüber hinaus wird eine Klassenarbeit bzw. ein Kundenauftrag für die gesamte Makrosequenz geplant,
sodass mit den erreichten Noten ebenfalls Rückschlüsse auf den Lernerfolg möglich sind.

5   Anlagen

Anlage I: Quellenangabe

Fachbücher:

Bartenschlager, J., Hebel, H., Klatt, Th., Lämmlin, G., Scheib, A. (2008). *Fachkunde Mechatronik*. Verlag Europa Lehrmittel

Graue, U., Thielert, M., Wenzl, L. (2009). *LOGO! Praxistraining*. Verlag Westermann

Engbarth, G, Hübscher, H., Klaue, J., Sausel, S., Thielert, M. (2007). *Elektrotechnik Aufträge Lernfelder 1 – 4*. Verlag Westermann

Tapken, H. (2008) *LOGO!*. Verlag Europa Lehrmittel

Richter, C.; Meyer, R. (2004). *Lernsituationen gestalten -Berufsfeld Elektrotechnik*. Troisdorf: Bildungsverlag EINS

Tkotz, K., Bastian, P., Bumiller, M., Burgmaier, M., Eichler, W., Käppel, T., Klee, W., Kober, K., Manderla, J., Schwarz, J., Spielvogel, O., Winter, U., Ziegler, K., (2008). *Fachkunde Elektrotechnik*. Verlag Europa Lehrmittel, Haan Gruiten.

Rahmenlehrplan für den Ausbildungsberuf Mechatroniker / Mechatronikerin von 1998

Seminarunterlagen:

UE (2007), *Unterrichtsentwurf UBII*, Studienseminar Oldenburg. [Online PDF]. Verfügbar unter: https://bbs-bscw.nibis.de/bscw/bscw.cgi/d2292543/Markisensteuerung%20mit%20LOGO.pdf%20UB%20II.pdf

Internetadressen:
http://www.ikh-lehrsysteme.de Stand 18.09.2010

Anlage II: Erklärung

Ich versichere, dass ich den Unterricht selbstständig vorbereitet und bei Anfertigung des Entwurfs keine anderen als die angegebenen Hilfsmittel benutzt habe. Die Stellen des Entwurfs, die im Wortlaut oder im wesentlichen Inhalt anderen Quellen entnommen worden sind, habe ich mit genauer Quellenangabe kenntlich gemacht.

Aurich, 19.09.2010

_____   _____
Ort, Datum   Unterschrift

Anlage III: Geplanter Unterrichtsverlauf

Unterrichtsphase/ -schritte	Lern-ziele	Sozial- und Aktions-formen	Medien
Einstieg/ Informieren I • L. begrüßt die Schüler und stellt den Stundenverlauf (s. Anlage V) vor • L. legt Kundenauftrag auf (s. Anlage XII) • S. liest den Kundenauftrag vor • L. bittet S. den Arbeitsauftrag mit eigenen Worten wiederzugeben	FK1	UG	• Flipchart • OHP • Anlage V • Anlage XII
Planen I (Problematisierung I) • L. fordert die S. auf, erste notwendige Arbeitsschritte zu nennen, die für die Erledigung des Kundenauftrages nötig sind • S. planen ihre Vorgehensweise und nennen mir die wichtigsten Arbeitsschritte • L. teilt die S. mit Karten ziehen in Gruppen ein (Gruppenpuzzle) • L. verteilt die Aufgabenblätter an die S. (s. Anlage IX)	FK1, MK1, SK2	UG, ST	• Flipchart • Anlage V • Anlage XII • Anlage IX
Entscheiden I/ Ausführen I • S. bearbeiten das Aufgabenblatt nach dem Gruppenpuzzle (s. Anlage IX) • L. gibt, falls nötig, minimale Hilfestellungen und delegiert die Phasen des Gruppenpuzzle	FK2, FK3, MK1, SK1, SK2	ST, GA	• Flipchart • Anlage IX
Beginn des Unterrichtsbesuches um 8.30 Uhr während der Stammgruppenarbeitsphase			
S. fast für den Besuch chronologisch die ersten 45 min zusammen			
Planen II (Problematisierung II) • L. fordert die S. auf die nächsten Schritte zu nennen • L. legt bei Bedarf noch einmal den Kundenauftrag auf den OHP auf (s. Anlage XII)	FK1, MK1, SK2	UG, ST	• Flipchart • OHP • Anlage XII
Ausführen II • L. teilt den Arbeitsauftrag für den Kundenauftrag aus (s. Anlage VIII • S. bearbeiten den Kundenauftrag in ihren Stammgruppen (s. Anlage XII)	FK3, MK1, SK1, SK2	ST	• Anlage VIII • Anlage XII
Präsentationsphase (Kontrollieren/ Auswerten) • S. präsentieren in ihren Stammgruppen die Ergebnisse • L. stellt Kontrollfragen zu den Details des Programms. Dabei werden die Fragen bevorzugt an die Leistungsschwächeren gerichtet	FK4, MK1, SK2	SPrä, UG	• Flipchart • Anlage VIII • Schülerlösung
Kontrollieren/ Ergebnissicherung • L. präsentiert mit der LOGO! Soft Comfort das FBD von der Schülerlösung • S. halten alle Ergebnisse auf ihren Arbeitsblättern fest. Nach jeder Präsentation haben die S. Zeit sich die Ergebnisse zu notieren (s. Anlage VIII) • L. gibt Ausblick auf die nächste Stunde		ST, SPrä, LT	• Flipchart • Anlage VIII • Schülerlösung • LOGO!Soft Comfort • Laptop • Beamer
Abbruch möglich während der Präsentationen			

Legende: Sozialformen: GA = Gruppenarbeit **Aktionsformen**: UG = Unterrichtsgespräch,
SPrä = Schülerpräsentation, ST = Schülertätigkeit, LT = Lehrertätigkeit **Medien**: AB = Aufgabenblatt, OHP = Overheadprojektor
S. = Schüler/innen, L.= Lehrer
FBD = Funktions-Block-Diagramm

Anlage IV: Makrostruktur

Lerngebiet / Lernfeld: LF 4 Untersuchen der Energie- und Informationsflüsse in elektrischen, pneumatischen und hydraulischen Baugruppen

Leitidee / Makroziel: Programmieren der LOGO!

Thema der Makrosequenz / Lernsituation: beherrschen steuerungstechnische Grundschaltungen

Ausgangsfall / komplexe Ausgangssituation: „Öffnen einer Bustür" - Einführung logischer Verknüpfungen am Beispiel eines Kundenauftrages

Datum/Stunde	1./2.	3./4.	5./6.	7./8.	9./10.
Thema	Einführung der Digitaltechnik	Umrechnungsarten Einführung Dez. <> Hex, Dez. <> Dual, Dual<->Hex	Umrechnungsarten vertiefen Dez. <> Hex, Dez. <> Dual, Dual<->Hex	Umsetzung einer Problemstellung anhand von einem Kundenauftrag	Einführung in die LOGO!SOFT Comfort mit einem Kundenauftrag
Phase der Lernhandlung	I,P,E,A,K,B	I,P,E,A,K,B	I,P,E,A,K,B	I,P,E,A,K,B	I,P,E,A,K,B
Unterrichtsinhalte	Vergleich analog – Digital. S. erarbeiten in GA einen Arbeitsauftrag und präsentieren	S. lernen Methode Gruppenpuzzle neu kennen am Arbeitsauftrag Umrechnungsraten	S. vertiefen die Umrechnungsarten mit verschiedenen Verfahren (z.B. Resteverfahren)	Kundenauftrag S. entscheiden die Arbeitsschritte und bearbeiten die Grundfunktionen der logischen Verknüpfungen S. bearbeiten den Kundenauftrag und präsentieren die Ergebnisse. L. demonstriert die Lösung über LOGO!Soft Comfort	Kundenauftrag S. vertiefen die logischen Verknüpfungen und lernen mit der Logo! Soft Comfort umzugehen.
Methodische Hinweise und Sozialformen	SPrä, GA	SPrä, GP	SPrä, PA, Plenum	SPrä, GP	SPrä, GA
Medien	Stundenverlaufsplan (SVP), Flipchart, Beamer	Stundenverlaufsplan (SVP), Flipchart, Arbeitsauftrag	Stundenverlaufsplan (SVP), Flipchart, Arbeitsauftrag	Stundenverlaufsplan (SVP), Kundenauftrag Flipchart, Beamer, Laptop LOGO!SOFT Comfort	Stundenverlaufsplan (SVP), Flipchart, Beamer, Laptop LOGO!SOFT Comfort

Abkürzungen: Phasen des Lernhandelns: I= Information, P= Planung, E= Entscheidung, A= Ausführen, K= Kontrolle, B= Bewerten
                         Plenum, GA= Gruppenarbeit, PA= Partnerarbeit, EA= Einzelarbeit, GP = Gruppenpuzzle
Sozialformen:
Aktionsformen: SPrä = Schülerpräsentation
Medien: SVP= Stundenverlaufsplan

Anlage V: Stundenverlauf (Stellwand)

Stundenverlauf:
Thema: „Öffnen einer Bustür" - Einführung logischer Verknüpfungen
am Beispiel eines Kundenauftrages

- Begrüßung

- Stundenablauf

- Information Kundenauftrag

- Arbeitsphase (Gruppenpuzzle)

- Präsentation des Kundenauftrages

- Ergebnissicherung/Ausblick auf die nächste Stunde

Analge VI: Klassendaten der BFEMA11

Schüler		Mündliche Einschätzung	Schulabschluss	Alter
		-	EI	17
		0	AH	19
		0	SI	17
		+	EI	16
		0	SI	17
		+	AH	20
		-	EI	17
		0	EI	16
		+	SI	16
		0	EI	17
		-	EI	18

Bewertung der mündlichen Leistung: (+)   -   sehr gut bis gut
                                        (0)   -   gut bis befriedigend
                                        (-)   -   befriedigend bis ausreichend

Schulabschlüsse: AH   -   Abitur (allgemeine Hochschulreife)
                                        EI   -   erweiterter Realschulabschluss (Sek I)
                                        SI   -   normaler Realschlussabschluss (Sek I)

Anlage VII: Sitzplan

Sitzplan Raum W 18

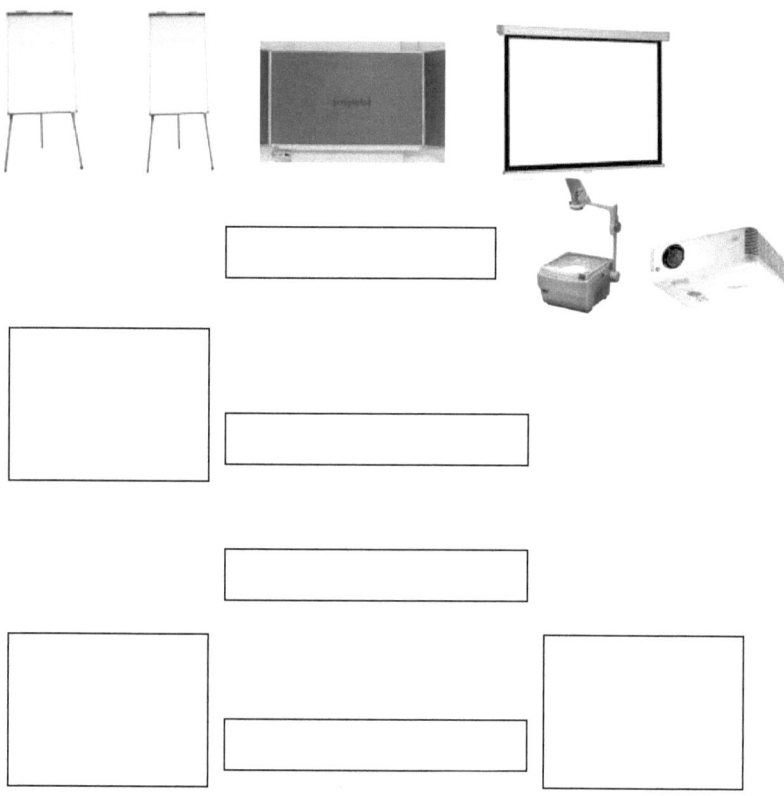

Besuch

Anlage VIII: Arbeitsauftrag

BFEMA11 Lernfeld 4: Logische Funktionen	Berufsbildende Schulen **II** Emden
Lehrer: Trinus Bußmann	22.09.2010	

Arbeitsauftrag:

Die Ausstiegstür eines Busses (Normalfall) darf nur dann automatisch aufgehen (= 1), wenn

- der Wagen hält (= 0),
- der Ausstiegsknopf betätigt wurde (= 1) und
- das pneumatische Drucksystem funktioniert (= 1).

a) Erstellen Sie die Wertetabelle

b) Zeichnen Sie für diese logische Verknüpfung das Schaltzeichen des Bausteins (Funktionsbaustein)

Anlage IX: **Aufgabenblatt**

BFEMA11 Lernfeld 4: Logische Funktionen		*Berufsbildende Schulen* **II** *Emden*	
Lehrer: Trinus Bußmann	22.09.2010	Steinweg 25 Tel. (0 49 21) 87 40 00 e-mail info@bbs2-emden.de	
		26721 Emden Fax (0 49 21) 87 40 04 internet www.bbs2-emden.de	

Logische Funktionen: UND, ODER, NICHT

	Wertetabelle	Schaltzeichen

UND (Herz)

ODER (Karo)

NICHT (Kreuz)

Wie komme ich von der Wertetabelle zum Schaltzeichen (Funktionsbaustein)?

Anlage X: Arbeitsauftrag Lösung

BFEMA11 Lernfeld 4: Logische Funktionen		_Berufsbildende Schulen_ **II** _Emden_
Lehrer: Trinus Bußmann	22.09.2010	

Arbeitsauftrag:

Die Ausstiegstür eines Busses (Normalfall) darf nur dann automatisch aufgehen   (= 1),

wenn   (x)

- der Wagen hält (= 0),   (a)

- der Ausstiegsknopf betätigt wurde (= 1) und   (b)

- das pneumatische Drucksystem funktioniert (= 1).   (c)

c) Erstellen Sie die Wertetabelle

c	b	a	x
0	0	0	0
0	0	1	0
0	1	0	0
0	1	1	1
1	0	0	0
1	0	1	0
1	1	0	0
1	1	1	0

d) Zeichnen Sie für diese logische Verknüpfung das Schaltzeichen des Bausteins

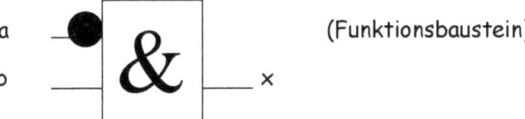

(Funktionsbaustein)

Anlage XI: Aufgabenblatt Lösung

BFEMA11	
Lernfeld 4: Logische Funktionen	
Lehrer: Trinus Bußmann	22.09.2010

Berufsbildende Schulen **II** *Emden*

Logische Funktionen: UND, ODER, NICHT

	Wertetabelle	Schaltzeichen

UND (Herz)

b	a	x
0	0	0
0	1	1
1	0	1
1	1	1

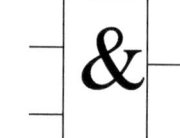

ODER (Karo)

b	a	x
0	0	0
0	1	1
1	0	1
1	1	1

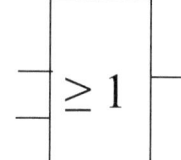

NICHT (Kreuz)

a	x
0	1
1	0

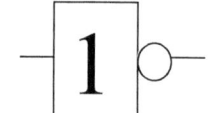

Wie komme ich von der Wertetabelle zum Schaltzeichen (Funktionsbaustein)?
Für jede Zeile, die als Resultat eine 1 liefert, wird eine
UND-Verknüpfung gebildet, die alle Variablen der Funktion (der Zeile) verknüpft.
Variablen, die in der Zeile mit
1 belegt sind, werden dabei nicht negiert und Variablen, die mit 0 belegt sind,
werden negiert.

Anlage XII: Kundenauftrag

Trinus Bußmann   Muster, 20.09.2010
Musterstraße 11
12345 Musterhausen

Benjamin Bus
Busstr. 7
26723 Bushausen

Betreff: Programmierung einer Bustür

Sehr geehrter Herr Bußmann,

können Sie mir bitte eine Bustür mit der LOGO! automatisieren, dass

diese nur dann automatisch aufgeht, wenn der Wagen hält, der

Ausstiegsknopf betätigt wurde und das pneumatische Drucksystem

funktioniert?

Mit freundlichen Grüßen

_____

Benjamin Bus